AF463172

STATISTIQUE.

SITUATION

DE

L'AGRICULTURE

DANS LE

DÉPARTÉMENT DE LA MOSELLE.

METZ.

S. LAMORT, IMPRIMEUR DU COMICE.

STATISTIQUE.

SITUATION ACTUELLE DE L'AGRICULTURE

DANS LE DÉPARTEMENT DE LA MOSELLE,

D'après le Recensement des Animaux domestiques établi par les soins de la Commission départementale d'Agriculture.

Dans l'année 1850, le ministre de l'agriculture et du commerce, en attendant le vote de la loi sur l'organisation des chambres consultatives, a pris, le 1er octobre, un arrêté qui autorise les préfets à former des commissions départementales d'agriculture. Celle du département de la Moselle, composée de vingt-sept membres, c'est-à-dire d'un membre pour chaque canton, a été installée par M. le Préfet, le 22 novembre suivant.

L'instruction ministérielle relative à cette organisation provisoire posait à la commission plusieurs questions, et entre autres celles-ci : 1° Quel est, dans le département, le nombre des animaux domestiques, le poids moyen et le prix moyen de chacun ?

2° Le nombre des animaux, élevés chaque année dans le département, y est-il excédant, suffisant ou insuffisant comparativement aux besoins de l'agriculture, de la consommation locale, de la reproduction ?

3° S'il y a excédant où sont conduits les animaux ?

4° S'il y a insuffisance d'où sont tirés habituellement les animaux ?

Pour répondre à ces demandes j'ai fait imprimer autant d'états qu'il y a de communes dans le département ; chaque membre de la commission a été chargé de faire faire le recensement dans chaque commune du canton qu'il représente : la plupart des membres ont rempli exactement cette mission, d'autres n'ont pu faire qu'une partie du travail, quelques-uns ont refusé de s'en occuper. J'y ai suppléé en m'adressant directement aux maires sous les auspices de M. le Préfet et j'ai pu ainsi réunir les états de recensement de toutes les communes, sans exception. C'est donc aujourd'hui un travail complet qui présente des chiffres authentiques. Je vais les indiquer dans le premier article de ce rapport en les comparant à ceux de la statistique ministérielle de 1842, et en répondant aussi bien que possible aux diverses questions posées par le ministre.

En partant du chiffre positif du nombre des animaux domestiques et de leur poids, j'établirai, dans les articles suivants, l'influence qu'il a sur les autres branches de l'exploitation. Ainsi nous connaîtrons par lui :

1° La quantité de prairies artificielles existantes ;

2° La quantité de fumier produit, et la quantité d'hectares fertilisés chaque année ;

3° La quantité de terres qui, ne pouvant être fumées, doivent nécessairement rester jachères.

C'est ainsi qu'au moyen d'un renseignement certain et authentique, nous arrivons à avoir des idées nettes sur la situation actuelle de l'agriculture du département de la Moselle.

ARTICLE 1er.

Nombre des animaux domestiques existant en 1851 dans le département de la Moselle, et comparaison avec le recensement de 1842 publié par le Ministère de l'Agriculture et du Commerce.

RECENSEMENT de 1851.		TOTAL par ESPÈCE.	IL EXISTAIT en 1842.	DIFFÉRENCE EN 1851,	
				EN PLUS.	EN MOINS.
Espèce chevaline.					
Etalons	3176				
Hongres	23163				
Chevaux de garnison	3300				
Juments	23729	66123	63733	2390	"
Poulains, moins de deux ans	5569				
Pouliches, moins de deux ans	5186				
Espèce Bovine.					
Taureaux, taurillons	2629				
Bœufs	5874				
Vaches	78657				
Génisses, plus de six mois	21422	120189	109201	10988	"
Veaux, moins de six mois	5085				
Velles, moins de six mois	6522				
Espèce ovine.					
Béliers	2477				
Moutons	32616				
Brebis	80607				
Agneaux, moins de un ans	22069	158286	183314	»	25028
Agnelles, moins de un an	20517				
Espèce caprine.					
Boucs	457				
Chèvres	13494	16585	9934	6651	"
Chevreaux	2634				
Espèce porcine.					
Verrats	1025				
Truies	18107				
Cochons	53383	100559	108089	"	7530
Cochonnets	28044				

NOTA. — La proportion des étalons est de 1 pour 7,47 juments.
Celle des taureaux est de 1 pour...... 30 vaches.
Celle des béliers est de 1 pour........ 32 brebis.
Celle des verrats est de 1 pour....... 17 truies.

La proportion du nombre des poulains est au nombre des juments comme.. 45 à 100.

Celle des veaux ou génisses au nombre des vaches comme. 42 à 100.

Celle des agneaux aux brebis comme..................... 53 à 100.

Celle des chevreaux aux chèvres comme................ 19 à 100.

OBSERVATIONS.

ESPÈCE CHEVALINE ET BOVINE. — Il y a un fait qui frappe, au premier coup-d'œil, en examinant ce tableau : c'est l'augmentation considérable du nombre des animaux des espèces chevaline et bovine, cette dernière surtout. On peut en conclure :

1° Que l'agriculture est en progrès, car l'augmentation du nombre des gros animaux en est le signe le plus manifeste.

2° Que le tarif des droits protecteurs établis contre l'importation des animaux de l'étranger a répondu aux prévisions du législateur en permettant à nos cultivateurs de faire plus d'élèves.

3° Que la viande provenant des abattages de l'espèce bovine entre chaque jour pour une plus forte proportion dans l'alimentation des individus. C'est un fait qui est d'ailleurs prouvé dans les relevés des livres de la boucherie. Voici la quotité moyenne de la consommation de la viande dans la ville de Metz :

Dans les 3 ans de 1818 à 1820 de 40k,32 par an et par tête.
2 ans de 1827 et 1828 de 43k,43 id.
6 ans de 1842 à 1847 de 48k,50 id.
l'année 1848........ 48k,63 id.
1849........ 55k,98 id.
1850........ 59k,65 id.

Indépendamment de l'augmentation du nombre des animaux il y a amélioration du poids moyen résultant du perfectionnement des races et d'une meilleure alimentation. On n'en peut juger que par aperçu pour l'espèce chevaline en comparant nos chevaux d'aujourd'hui au souvenir de ce qu'ils étaient il y a huit ans ; quant au poids des bêtes à cornes on en trouve la comparaison dans les relevés de l'octroi à Metz :

	POIDS BRUT MOYEN		
	EN 1848.	EN 1849.	EN 1850.
Taureaux	594 "	590 "	619 02
Bœufs	590 90	612 99	643 "
Vaches	406 20	411 "	418 30
Veaux	65 50	69 03	73 20
Moutons	35 60	36 04	35 70
Porcs	105 26	103 08	104 30

La conséquence naturelle de l'augmentation du nombre et du poids est une réduction successive du prix de la viande sur pied. En voici la preuve tirée du prix moyen annuel des bestiaux sur le marché de la ville de Metz pendant les dix dernières années, lequel prix a été relevé sur les mercuriales :

Relevé des Mercuriales de la ville de Metz.

Prix des 100 kilog. net, achetés sur pied.

	TAUREAUX	BOEUFS.	VACHES.	VEAUX.	MOUTONS.	PORCS.
1841	87 13	112 59	97 23	115 26	119 67	" "
1842	80 69	110 84	96 39	103 86	106 80	110 "
1843	93 79	123 73	104 89	122 83	131 60	116 37
1844	90 01	114 46	101 30	115 07	116 50	95 64
1845	77 25	109 "	94 63	105 05	111 99	86 71
1846	81 82	113 75	95 27	110 71	108 44	109 01
1847	79 22	112 84	96 41	116 60	122 40	138 83
1848	78 64	107 50	86 12	105 74	113 04	113 40
1849	74 50	98 28	83 45	96 35	111 09	93 62
1850	68 88	97 50	79 71	90 45	105 05	70 68
Réduction de 1842 à 1850 par cent kilo.	18 25	15 09	17 52	24 81	14 62	39 32

Espèce ovine. — Le décroissement du nombre des moutons depuis 1842, s'explique par plusieurs causes :

1° Le morcellement de la propriété et l'abandon graduel de l'assolement triennal, qui divise et réduit les jachères en rendant plus difficile le parcours des troupeaux.

2° L'avilissement du prix des laines depuis la concurrence qui est faite à l'Europe par l'Australie.

3° L'importation considérable des moutons venant de l'étranger. Il en est entré en 1850, par les seuls bureaux de douanes de la Moselle, une quantité de 19 697.

4° Le prix de vente des moutons qui était, en 1841, de 119f,67 les 100 kil., et qui est retombé, en 1850 à 105f,05.

Ces causes sont puissantes et de nature à peser de plus en plus sur l'industrie qui s'attache à l'élève du mouton : il est probable que le nombre entretenu continuera à décroître.

Espèce caprine. — L'augmentation du nombre des chèvres est dû à deux causes :

La première à l'accroissement du nombre de journaliers qui, n'ayant pas les moyens d'acheter et d'entretenir une vache, peuvent posséder une ou deux chèvres.

La seconde, à ce que ces animaux qui, autrefois, étaient exclus des troupeaux, dans certains villages, y sont admis sans opposition.

Espèce porcine. — Le recensement dont nous nous occupons a été établi en été. Ce n'est pas le moment où chaque habitant a fait l'acquisition de quelques porcs pour en faire l'engraissement : je suis persuadé qu'un recensement fait dans les trois derniers mois de l'année présenterait un chiffre égal à celui de 1842, que je considère comme stationnaire, parce qu'il est en rapport avec la consommation calculée à un porc pour cinq habitants. D'un autre côté le prix élevé des animaux maigres et le bas prix des animaux gras a dû nuire, depuis deux ans, à l'industrie de l'engraissement.

Depuis quelques années le département a trouvé à Paris, à la foire du vendredi-saint, un débouché pour le lard et surtout pour les jambons ; il est possible que ce débouché engage les cultivateurs, dans l'avenir, à engraisser un plus grand nombre de porcs.

ART. 2.

Le nombre des animaux élevés dans le département y est-il excédant, suffisant ou insuffisant, comparativement aux besoins de l'agriculture, de la consommation locale, de la reproduction?

ESPÈCE CHEVALINE. — Il y a dans le département 307 000 hectares de terres labourables, pour la culture desquels on compte un cheval pour 4 hectares, cela donne 76 000 têtes. Il en existe 62823, plus 5874 bœufs qui sont, pour la plupart, employés au labour : cela fait un total de 68 697 qui est inférieur à 76 000 ; mais dans beaucoup de communes les journaliers se réunissent à plusieurs pour composer des attelages de chevaux et vaches ou de bœufs et vaches, en sorte qu'on peut considérer comme suffisant pour les besoins de l'agriculture, le nombre de chevaux existant.

L'importation cependant a présenté, en 1850, un chiffre de 4884 chevaux; mais ils sont destinés plutôt aux services publics ou à celui du roulage qu'aux besoins réels de l'agriculture.

Il se fait peu de commerce en chevaux dans le département : cela tient à ce que la race du pays n'est pas assez distinguée pour être recherchée par d'autres départements. Les chevaux sont en voie d'amélioration, mais il se passera encore beaucoup d'années avant que le département puisse être assimilé, sous ce rapport, à quelques autres pays d'élèves, comme la Normandie, le Perche, la Picardie, etc. L'exportation des chevaux du département ne s'est élevé, en 1852, qu'à 361.

Les stations des haras, trop peu nombreuses, font grand bien ; et déjà on trouve, dans le département, un petit nombre de chevaux propres à la cavalerie et un grand nombre pour l'artillerie et les équipages. Le nombre des entiers est suffisant pour la reproduction, mais leur race est en grande partie à changer.

ESPÈCE BOVINE. — L'espèce bovine, dans ses rapports avec l'agriculture, peut être considérée sous deux points de vue : elle est destinée à donner de l'extension à la culture des prairies artificielles et à produire les engrais nécessaires à la culture des grains.

Elle est insuffisante sous ces deux rapports.

Elle est encore insuffisante sous le point de vue de la consommation locale : la boucherie de Metz est approvisionnée, en grande partie, par des bestiaux amenés des Vosges et de la Franche-Comté.

Quant à la reproduction, le nombre des taureaux est suffisant, mais la race peut être améliorée. Déjà, dans beaucoup de communes, des croisés Durham ou suisses concourent à donner plus de force et de qualité à l'espèce.

Voir pour le surplus ce qui est dit dans les observations à la suite de l'article 1er.

ESPÈCE OVINE. — Suffisante sous le rapport de l'agriculture et de la consommation. Suffisante pour la reproduction.

ESPÈCE PORCINE. — Suffisante sous tous les rapports.

Pour compléter ces renseignements, voici le relevé des importations de l'étranger par les bureaux de douane de la direction de Metz :

	IMPORTATIONS DE L'ÉTRANGER.		
	1848.	1849.	1850.
Chevaux	Inconnu.	Inconnu.	4884
Taureaux	Id.	Id.	355
Bœufs	105	47	48
Vaches	261	173	192
Veaux de deux ans	421	617	250
Veaux de un an	705	713	
Moutons	12493	17648	19447
Agneaux ou chevreaux	»	»	381
Porcs	311	46	24
Porcs de lait au-dessous de 5 kil.	60155	49367	15029

ART. 3.

Aperçu du poids moyen et du prix.

Nous n'avons aucun chiffre positif pour le poids moyen des chevaux, parce qu'on n'est pas dans l'usage de les peser; ce n'est qu'en comparant leur volume au poids commun des animaux de l'espèce bovine que l'on peut établir un chiffre moyen du poids.

On a vu dans les observations qui suivent l'article 1er que le poids moyen des bestiaux entrant à Metz pour la boucherie, résulte du pesage qui est fait à l'octroi; nous établissons cependant ici un poids moindre, parce qu'une partie des animaux livrés à la boucherie, a été engraissée, ce qui donne un poids supérieur.

Quant aux prix, ils sont très-variés pour l'espèce chevaline; nous ne donnons ici ni les prix les plus élevés ni les prix les plus bas, nous avons cherché à fixer un prix moyen ordinaire pour les animaux en bon état.

Le prix des animaux de l'espèce bovine résulte de la combinaison du poids net avec le prix de vente sur les marchés de la boucherie.

NOMS.	NOMBRE.	Poids brut moyen de chacun.	POIDS TOTAL.		PRIX MOYEN.	PRIX TOTAL.
Espèce chevaline.		KIL.	QUINT.	K.	F.	FR.
Etalons	3176	500	15880	»	600	1905600
Hongres	25163	400	100652	»	300	7548900
Chevaux de cavalerie	3300	500	16500	»	600	1980000
Juments	23729	400	94916	»	300	9491600
Poulains de moins de deux ans	5569	200	11138	»	100	556900
Pouliches id.	5186	200	10372	»	100	518600
Espèce bovine.						
Taureaux et taurillons	2629	500	13145	»	150	1314500
Bœufs	5874	500	29370	»	200	1174800
Vaches	78657	300	235971	»	120	9438840
Génisses de plus de six mois	21422	150	32133	»	90	1927980
Veaux de moins de six mois	5085	70	3559	50	60	305100
Velles id.	6522	70	4565	40	60	391320
Espèce ovine.						
Béliers	2477	40	990	80	30	74310
Moutons	32616	30	9784	80	20	652320
Brebis	80607	30	24182	10	15	120910
Agneaux de moins de un an	22069	15	3310	35	5	110345
Agnelles id.	20517	15	3077	55	5	102585
Espèce caprine.						
Boucs	437	40	174	80	20	8740
Chèvres	13494	30	4048	20	15	20241
Chevreaux	2654	20	530	80	5	13270
Espèce porcine.						
Verrats	1025	70	717	50	50	51350
Truies	18107	70	12674	90	40	724280
Cochons	53383	50	26691	50	30	1601490
Cochonnets	28044	20	5608	80	5	140220
TOTAL			659994	»		40174201

Observation. — La portion du cheptel, composée du nombre des animaux existants, représente une valeur de 40 millions de francs.

ART. 4.

Prairies artificielles.

L'extension de la culture des prairies artificielles, est un des plus grands progrès de la culture moderne. Cette extension est la conséquence de l'augmentation graduelle du nombre de bestiaux, avec lequel elle est dans un rapport constant qu'il faut fixer.

On sait qu'un hectare de prairie naturelle ou artificielle est nécessaire pour nourrir deux gros animaux. Ce calcul ressort des statistiques publiées par le Comice de Metz, et s'il fallait une nouvelle preuve on la trouverait dans le livre de M. Royer, inspecteur d'agriculture, sur l'administration des richesses agricoles de la France. Il dit avoir reconnu qu'une étendue de 50 ares de prairies est nécessaire pour nourrir une tête de gros bétail.

On a vu dans le tableau précédent que le nombre des animaux existants équivaut à un poids total de 659 994 quintaux; si l'on divise cette quantité par 355 kilogrammes, qui est le poids moyen ressortant de celui des gros animaux, on trouve 185 914. Ce chiffre représente donc l'équivalent, en têtes de gros bétail, du nombre des animaux existants.

Pour nourrir 185 914 têtes de gros animaux, il faut 92 957 hectares de prairies.

Il existe, d'après le relevé que j'ai fait dans les bureaux de la direction des contributions directes, sur les contenances cadastrales, une quantité de prairies naturelles de. 47 327 hect.

La quantité de prairies artificielles doit être de. 45 630

Pareille........ 92 957 hect.

Le même relevé des contenances cadastrales porte le nombre d'hectares de terres labourables à 307 552 hectares, ainsi la proportion des prairies artificielles est de 14,84 pour cent.

La statistique ministérielle de 1842 porte la quantité d'hectares

de prairies artificielles à .... 17 695 hect.
Elle est aujourd'hui de 45 650

L'augmentation serait donc de .... 27 955 hect.

Cette différence me paraît exagérée, et je suppose qu'il y a eu erreur dans la quantité indiquée par la statistique de 1842; car, avec les 47 527 hectares de prairies naturelles et les 17 695 hectares de prairies artificielles il n'aurait pas été possible, à cette époque, de nourrir le nombre d'animaux qui existait. Cette remarque est d'ailleurs de peu d'importance : il est certain que l'augmentation des prairies artificielles, a dû être en rapport avec l'augmentation du nombre des animaux indiquée dans l'article 1er.

ART. 5.

Engrais produit.

Tout se lie en agriculture; un progrès ne marche jamais seul, il en amène d'autres qui en sont la conséquence; l'augmentation du nombre des bestiaux produit une augmentation proportionnelle, comme nous venons de le voir, dans l'extension des prairies artificielles et, par suite, dans la masse d'engrais produits, et dans les récoltes; je vais établir ici la quantité des engrais dont la culture dispose pour fertiliser les terres.

Une expérience faite par M. Maillard, cultivateur à Puche, membre du Comice de Metz a constaté sur une écurie de 30 gros animaux, que le produit en fumier d'une tête de gros bétail est de 6 voitures 1/4 par an, la voiture étant évalué en terme moyen à 1 500 kilog.

La quantité représentative de 185 914 têtes donnerait donc par année 1,161 962 voitures.

Il faut en moyenne pour fumer un hectare de terres labourables, 15 voitures de fumier du poids de 1 500 kilog.

La quantité produite peut donc fumer 77 464 hectares.

En bonne culture la fumure, dans cette proportion, doit revenir tous les trois ans; c'est aussi M. Royer qui, dans le livre que j'ai cité, dit page 118 : « Si l'on pouvait fumer les terres tous les trois ans ce serait la perfection de l'agriculture. »

Il y a dans le département, en terres labourables,	507 552 hect.
en vignes	5295
Total........	512847
La quantité de terres labourables ou de vignes qui peut être fumée annuellement est de 77464 h.	
Ce qui représente pour trois ans..............	232592
Reste, en terres qui ne reçoivent point de fumure,	80455 hect.

La jachère est la conséquence de cet état de choses. Le tiers de cette quantité, qui est de 26 818 hectares, doit être considéré comme faisant jachère chaque année : c'est une proportion de 8,90 p. % comparée à l'ensemble des terres labourables. Ainsi la jachère qui occupait autrefois le tiers des terres, ou 104 282 hectares, est réduite à 26 818. — Ce progrès est le résultat de l'extension de la culture du colza, des plantes sarclées et surtout des prairies artificielles.

Déjà on voit dans la statistique de 1842 que la jachère n'était plus à cette époque que de 52 295 hectares. Elle serait donc réduite aujourd'hui à moitié ou à 50 p. % de ce chiffre : c'est un progrès considérable obtenu en 8 années.

Dans l'état actuel de la culture les faits ne se passent point comme je l'ai supposé : le cultivateur, au lieu de fumer tous les trois ans, ne donne à de certaines terres du fumier que tous les six ans et même tous les neuf ans, ou bien il ne donne, chaque trois ans, qu'une demi-fumure après jachère : mais ces circonstances variables ne changent point théoriquement les calculs que j'ai établis, car si la fumure revient moins souvent ou si elle est moins abondante le produit est réduit proportionnellement.

ART. 6.

Aperçu du produit des récoltes en blé.

D'après les renseignements recueillis dans les visites de ferme faites par le Comice de Metz et d'après les statistiques établies par lui, il est constaté que, quel que soit le mode d'assolement pratiqué par les cultivateurs, ils ne dérangent point la quantité de terres cultivée en blé, ou seigle : c'est le pivot de l'exploitation. Toutes les autres cultures sont subordonnées à celles-là. Elles peuvent changer dans leurs proportions, mais les céréales d'automne occupent en général le tiers de la quantité des terres. — En admettant cette proportion, nous aurons :

Le tiers de 307 552 hectares, est de.......	102 517 hect.
La portion fumée chaque année, déduction faite du tiers des vignes, est de..................	75 699
La portion soumise à la jachère de.........	26 818

Je vais établir, d'après de nombreux renseignements recueillis et d'après ma propre expérience, le produit des terres fumées tous les trois ans et cultivées en blé, au terme moyen de 20 hectolitres par hectare, et je compterai pour la moitié de ce chiffre le produit des terres non fumées faisant jachères.

Il faut faire attention que je raisonne dans l'hypothèse que les terres jachères ne reçoivent jamais de fumier, ce qui n'a pas lieu d'une manière absolue dans la pratique comme je l'ai dit plus haut. Il est donc entendu que lorsqu'elles en reçoivent, même à de grands intervalles, elles donnent plus de produits, au détriment de celles que j'ai supposées fumées régulièrement chaque trois ans et qui le sont alors moins souvent ; si donc on augmente le chiffre de la production des premières il faudra diminuer, dans une proportion équivalente, le chiffre de la production des secondes, en sorte que le résultat sera le même. La théorie est donc absolue et peut être prise pour base des calculs suivants :

75 699 hectares fumés donnent à 20 hectol.	1 513 980 hectol.
20 818 hectares faisant jachères donnent à 10 hectolitres..........................	208 180
Total.............	1 722 160
A déduire les semences à 2 hectol. par hectare	205 034
Reste pour la consommation et le commerce	1 517 126 hectol.

La statistique du ministère, en 1842, porte la production

Du froment...	79830 hectares à	1329 litres	1060940 hectol.
Seigle et méteil.	14504 —	1272 —	184490
		Ensemble....	1245430
		L'accroissement est de....	271696

ART. 7.

Aperçu de la consommation.

La population du département, d'après le recensement de 1847, était alors de 448067 habitants. Elle avait augmenté de 1841 à 1846 de 7755 ou 1,76 p. %: je suppose que cette proportion s'est maintenue de 1846 à 1851, ce qui donnerait, sur le recensement de cette dernière année, une augmentation de 7886 et porterait le chiffre actuel de la population à 455953 habitants. Je vais adopter ce chiffre approximatif en attendant la publication du nouveau recensement.

On évalue généralement la consommation moyenne, par habitant, à 3 hectolitres, et celle des garnisons à 3 hectolitres 1/4 par tête.

455953 habitants à 3 hectolitres.......	1367859 hectol.
12000 militaires à 3^{hl},25............	15000
Total..........	1382859
L'évaluation de la quantité produite est de.	1517126
L'agriculture peut donc livrer au commerce d'exportation dans les années ordinaires.....	134367

Cet excédant ne s'est pas trouvé en 1851 : la récolte des blés dans le département ayant été attaquée par la rouille a souffert, dans le rendement, un déficit notable qu'on peut évaluer à 25 ou 30 pour cent.

ART. 8.

Progrès à réaliser.

Le progrès le plus prochain qu'il faut réaliser consiste dans la suppression complète de la jachère.

Pour supprimer les 26 818 hectares jachères, il faut produire, en plus des quantités actuelles d'engrais, 402 270 voitures; ce qui nécessite une augmentation, dans le nombre des animaux existants, de 64 363 têtes de gros bétail ou leur équivalent, et dans la quantité de prairies artificielles 32 181 hectares.

Nous aurons alors 80 têtes de gros bétail par cent hectares et nous approcherons de la perfection de l'agriculture.

Il est reconnu qu'arrivé à ce terme l'emploi des fumiers en plus grande quantité pourrait devenir nuisible en développant avec excès la partie herbacée des plantes, ce qui amènerait la verse des blés sur pied et la production d'un grain maigre renfermant du gluten mais peu de fécule.

Il sera nécessaire alors de recourir à l'emploi des amendements, dont le cultivateur ne comprend pas encore la nécessité; c'est seulement à cette époque du progrès qu'on reconnaîtra que les engrais azotés, la marne, la chaux, les sulfates, les phosphates, les cendres et la potasse qu'elles renferment sont indispensables à la production du grain.

RÉSUMÉ.

D'aprés cette statistique on peut établir le tableau suivant pour comparer l'existant actuel à l'état normal qui résultera du progrès :

	QUANTITÉ nécessaire dans l'état normal	QUANTITÉ existante.	DÉFICIT.
Animaux équivalant en têtes de gros bétail	250,277	185,914	64,363
Prairies naturelles ou artificielles, hect.	125,138	92,957	32,181
Engrais produits. Voitures de fumiers..	1,564,231	1,161,962	402,269

CONCLUSION.

Le recensement exact par commune du nombre des animaux existant est une base qui peut servir, dans les années suivantes, à mesurer les progrès continuels de l'agriculture ; on pourrait, dans deux ou trois ans, faire la même opération et comparer alors la situation de l'agriculture à celle d'aujourd'hui, en suivant la même méthode ; les différences indiqueraient positivement la proportion du progrés qui aurait été réalisée.

Cette statistique, comme on le voit, a de l'utilité en ce qu'elle apporte la lumière sur des chiffres qui étaient, jusqu'à présent, fort obscurs.

La Chambre consultative d'Agriculture qui, d'aprés la loi, doit établir la statistique du département, trouvera donc, dans ce travail, un point de départ trés-important.

Aprés avoir établi les chiffres et les considérations générales pour le département entier, je vais donner ci-aprés des tableaux de la situation par canton, en prenant le même poids moyen des animaux pour tous les cantons.

1er Tableau. — *Animaux existants par cantons et par arrondissements.*

2e Tableau. — *Proportion relative des animaux par* 100 *hectares, dans chaque canton et dans chaque arrondissement.*

Dans ces deux tableaux le nombre des chevaux de cavalerie a été réparti dans les cantons où se vendent les fumiers, savoir :

Canton	de Longwy.....	200
Id.	de Thionville....	600
1er	de Metz........	1000
2[e]	id..........	300
3[e]	id..........	300
Canton	de Saint-Avold..	400
	de Sarreguemines	500
	Total....	3300

La répartition des chevaux de cavalerie telle qu'elle est faite ici, entre les trois cantons de Metz, est en rapport avec les contenances cadastrales.

On trouve dans le deuxième tableau, pour chaque canton, la proportion du nombre des animaux pour 100 hectares, et le chiffre équivalent en têtes de gros bétail; ce tableau indique aussi, comme une conséquence, la quantité de terres fumées chaque année et celle qui doit rester jachère, ces renseignements seraient suffisants pour classer les cantons dans l'ordre du progrès, si toutes les terres avaient le même degré de fertilité et si les animaux étaient partout d'un poids semblable. Mais dans les localités situées sur les terrains pauvres du grès rouge ou bigarré, les animaux prennent moins de développement et fournissent moins d'engrais parce que les litières y sont plus rares, cependant on peut citer sur ces terrains les belles exploitations de M. Altmayer, de Saint-Avold, Dorr, de Grunhoff, Serard, de Dittschviller, Staub, de Forbach et beaucoup d'autres dont les animaux ne le cèdent ni en taille ni en poids à ceux des autres cantons, il n'y aurait donc que des exceptions, et dans un travail d'ensemble comme celui-ci, établi sur des chiffres moyens, il n'est pas possible de s'y arrêter; je crois donc devoir maintenir le poids que j'ai établi pour mes calculs, mais pour rendre plus exact le classement des cantons dans l'ordre du progrès je les diviserai par classes en prenant pour base la nature géologique des terrains. La comparaison devient alors exacte dans tous ses termes.

Il y a cependant quelques cantons qui s'étendent sur plusieurs formations différentes, je les indiquerai en note, et on pourra, à volonté, les maintenir dans la classe où je les ai placés ou les reporter à une classe différente; on trouvera toujours le rang dans lequel ils arrivent :

Classement des Cantons dans l'ordre du progrès.

Nos D'ORDRE.	NOMS des CANTONS.	ÉQUIVALENTS en têtes de GROS BÉTAIL.	PROPORTION PAR 100 HECTARES: DE TERRES fumées CHAQUE ANNÉE.	PROPORTION PAR 100 HECTARES: DE JACHÈRES.	
1re Classe. *Cantons situés sur la formation des marnes irrisées.*					
1	Sarreguemines....	76 63	29 94	3 72	partie sur le coquiller calcaire.
2	Bouzonville......	69 71	29 01	4 63	
3	Sierck...........	66 78	27 82	5 84	Id.
4	Grostenquin......	66 07	27 53	6 13	
5	Sarralbe.........	66 02	27 51	6 15	
2e Classe. *Cantons situés sur la formation du lias et des alluvions.*					
1	1er canton de Metz	81 74	34 06	" "	
2	Thionville.......	71 31	29 71	3 95	
3	2e canton de Metz.	62 41	25 99	7 67	
4	3e Idem......	61 37	25 56	8 10	partie sur les marnes irrisées.
5	Pange...........	53 92	22 46	11 20	
6	Metzervisse......	52 52	21 88	11 78	
7	Verny...........	52 39	21 82	11 84	
8	Vigy............	47 59	19 65	14 01	Idem.
3e Classe. *Cantons situés sur la formation du coquiller calcaire.*					
1	Rorbach.........	63 27	26 36	7 30	partie sur le grès bigarré
2	Faulquemont.....	58 31	24 29	9 37	Id sur les marnes irris.
3	Boulay..........	57 78	24 08	9 58	Idem.
4e Classe. *Cantons situés sur la formation de l'oolite.*					
1	Cattenom........	67 05	27 94	5 72	partie sur les terres d'alluvion.
2	Longwy.........	62 07	25 86	7 80	
3	Longuyon.......	55 27	23 02	10 64	
4	Audun-le-Roman.	52 33	21 80	11 86	
5	Conflans.......	51 82	21 59	12 07	
6	Briey...........	51 14	21 31	12 35	
7	Gorze...........	40 11	15 41	18 25	
5e Classe. *Cantons situés sur la formation du grès rouge et du grès bigarré.*					
1	Bitche,.........	86 43	36 57	" "	
2	Saint-Avold......	70 18	29 25	4 41	partie sur le coquiller calcaire.
3	Forbach.........	67 75	23 23	5 43	
4	Volmunster......	50 56	21 06	12 60	Idem.

La moyenne pour chaque classe ressort comme il suit :

	Proportion par 100 hect. : De l'équivalent en têtes de gros bétail.	De Terres fumées chaque année.	De Jachères.
1er Classe sur la formation des marnes irrisées...	63 92	28 71	4 62
2e id. id. du lias et des alluvions.	59 84	24 93	8 40
3e id. id. du coquillier calcaire.	59 44	24 77	8 56
4e id. id. de l'oolite..........	53 98	22 49	10 84
5e id. id. du grès bigarré *.....	66 23	27 61	5 72
Moyenne par 100 hectares pour le département..	59 42	24 76	8 90

On peut encore remarquer dans le même tableau n° 2 que la répartition des animaux, par 100 hectares, a lieu dans les arrondissements, comme il suit :

	Espèces par 100 hectares. : Chevaline.	Bovine.	Ovine.	Caprine.	Porcine.	Équivalent en têtes de gros bétail.
Sarreguemines.........	16,99	34,27	31,94	9,47	27,33	67,08
Thionville.............	22,04	42,80	31,89	4,81	41,89	64,75
Metz................	23,20	28,83	30,23	2,82	30,63	54,43
Briey...............	21,61	32,38	48,66	5,04	30,57	54,51
Moyenne par 100 hectares pour le département..	21,13	38,41	30,39	5,30	31,14	59,42

Je ne saurais trop appeler l'attention des Comices et celle des

* D'après ce que j'ai dit plus haut il est possible que les chiffres donnés pour cette classe soient un peu forcés.

agriculteurs sur ces indications qui peuvent devenir, jusqu'à un certain point, le guide des améliorations que nous devons chercher à produire en élevant la marche du progrés dans les cantons en retard tout en la stimulant encore dans les cantons qui se trouvent placés en première ligne.

Avant de finir ce travail, mon devoir est d'exprimer à ceux de mes collègues de la Commission départementale, qui m'ont si bien secondé dans la réunion des états de recensement, mes remercîments pour le zèle qu'ils ont montré.

Metz, le 20 décembre 1851.

Le Président de la Commission départementale d'agriculture et du Comice de Metz.

ANDRÉ.

METZ. IMP. S. LAMORT.

TABLEAU N° 1.

NOMBRE DES ANIMAUX

EXISTANT

DANS CHAQUE CANTON EN 1851.

COMMUNES.	ESPÈCE CHEVALINE.					ESPÈCE BOVINE.				
	Entiers.	Juments.	Hongres.	Poulains.	Pouliches.	Taureaux. Taurillons.	Bœufs.	Vaches.	Génisses.	Veaux.
Audun-le-Roman. .	184	1430	1542	404	364	138	378	3977	1186	251
Briey	130	966	1183	247	252	88	189	2156	472	131
Conflans.	168	1221	1311	380	393	117	420	2476	675	203
Longuyon	123	1125	1099	330	270	123	267	3046	1074	135
Longwy	147	1077	1213	272	286	182	112	3536	1317	188
Boulay	109	1154	1347	242	184	109	255	3797	1122	230
Faulquemont	155	1178	1357	324	295	93	113	3899	928	319
Gorze	134	1021	1230	247	200	64	19	2121	355	74
1er Canton de Metz.	148	655	2163	99	105	55	14	2016	269	38
2e Id.	30	153	506	27	25	19	»	499	77	11
3e Id.	21	170	449	41	55	12	»	176	55	17
Pange	174	1181	1674	394	322	119	46	3614	416	212
Verny	256	1405	1745	432	435	89	5	3375	509	198
Vigy	147	717	805	180	145	70	35	2357	430	130
Bitche	13	131	138	20	10	67	762	2539	613	262
Forbach	110	590	513	71	76	67	115	2925	766	214
Grostenquin	157	1257	1143	278	255	147	246	4198	1271	283
Rhorbach	79	656	506	91	116	91	553	3726	947	309
Saint-Avold	72	557	924	103	67	69	503	2510	1040	312
Sarralbe	75	566	559	95	78	66	108	2692	883	157
Sarreguemines	75	794	1094	85	86	85	211	3529	891	216
Volmunster	63	511	253	88	83	140	479	2081	840	245
Bouzonville	98	1220	1169	186	205	167	444	4445	1499	300
Cattenom	179	1365	940	286	277	177	343	4353	1505	218
Metzerwisse	131	1030	1264	261	251	89	43	3264	839	156
Sierck	98	1017	789	209	194	101	169	2785	911	195
Thionville	100	582	1547	177	157	85	42	2565	532	81
	3176	23729	25163	5569	5186	2629	5874	78657	21422	5085

NOMS des ARRONDISSEMENTS.	RELEVÉ PAR									
1er Briey.	752	5819	6348	1633	1565	648	1366	15191	4724	908
2e Thionville	606	5214	5709	1119	1084	619	1044	17412	5286	950
3e Metz.	1174	7634	11276	1986	1766	630	487	21854	4161	1229
4e Sarreguemines. .	644	5062	5130	831	771	732	2977	24200	7251	1998

Velles.	ESPÈCE OVINE.					ESPÈCE CAPRINE.			ESPÈCE PORCINE.			
	Béliers.	Brebis.	Moutons.	Agneaux.	Agnelles.	Boucs.	Chèvres.	Chevreaux.	Verrats.	Truies.	Cochons.	Cochonnets.
337	164	4186	2255	1721	1619	27	773	155	41	547	5159	1340
149	89	3243	1551	1127	1098	12	257	44	20	371	2697	616
220	113	3626	1408	1191	1066	12	185	74	40	538	2585	921
263	89	3081	1472	826	706	21	773	70	15	173	1912	1306
342	116	3016	1149	612	765	35	1147	171	39	534	2085	1862
337	83	3595	1507	908	704	12	363	31	57	1344	1666	1706
359	77	3810	1712	1158	1078	31	524	109	51	731	2019	1357
79	72	3721	1293	925	878	13	346	82	19	301	3375	480
57	37	1531	732	613	379	11	231	13	18	100	913	255
2	4	626	288	153	112	4	98	10	5	37	315	172
8	2	147	41	74	57	2	54	18	1	14	205	23
208	142	5272	1753	1183	1172	11	288	70	60	1074	3267	1132
151	106	5704	1810	1532	1207	14	340	85	62	1342	3151	2183
73	361	3015	972	592	483	2	124	10	38	693	2321	916
259	20	706	638	366	280	9	581	117	20	250	1018	515
192	45	1143	561	257	395	16	980	98	31	481	1341	850
380	108	5162	2495	1134	936	13	508	113	82	858	2239	1207
501	39	2365	943	683	791	15	746	192	30	458	1433	716
199	66	1688	593	427	349	17	494	126	39	591	975	549
352	65	2518	1210	894	660	11	280	91	37	368	996	664
308	69	2370	1320	690	733	32	1401	247	30	392	1418	661
394	46	2761	855	841	811	14	692	141	30	372	847	664
400	138	4367	1509	1183	1302	21	698	178	62	1620	2101	2329
335	151	4202	1291	911	870	21	528	66	72	1693	2112	2286
191	97	4028	1181	1035	990	14	207	106	52	1485	3221	1323
257	84	2152	964	436	488	26	359	73	37	1060	1136	1148
169	74	2572	1113	597	588	21	517	164	37	671	2779	863
6522	2477	80607	32616	22069	20517	437	13494	2654	1025	18107	53383	28044

ARRONDISSEMENT.

Velles.	Béliers.	Brebis.	Moutons.	Agneaux.	Agnelles.	Boucs.	Chèvres.	Chevreaux.	Verrats.	Truies.	Cochons.	Cochonnets.
1311	571	17152	7835	5477	5254	107	3135	514	155	2163	14435	6045
1352	544	17321	6058	4162	4238	103	2309	587	260	6538	11349	7949
1274	904	27421	10108	7138	6070	100	2368	428	311	5636	17332	8224
2585	458	18713	8615	5292	4955	127	5682	1125	299	3770	10267	5826

TABLEAU N° 2.

SITUATION DE L'AGRICULTURE

Par Canton et par Arrondissement,

COMPRENANT

Le Nombre total des Animaux ;
L'équivalent en Têtes de gros Bétail ;
Le Nombre de chaque espèce d'Animaux par 100 hectares ;
La Proportion par 100 hectares de Terres fumées et de Jachères.

NOMS des CANTONS.	NOMBRE DES ANIMAUX EXISTANTS PAR ESPÈCE					NOMBRE ÉQUIVALENT EN TÊTES DE GROS BÉTAIL.	NOMBRE D'HECTARES	
	Chevaline.	Bovine.	Ovine.	Caprine.	Porcine.		de terres labourables.	de vignes.
Audun-le-Roman.	3924	6267	9945	955	7087	10444	19730	226
Briey	2778	3185	7108	313	3704	6379	12248	225
Conflans	3473	4111	7404	271	4084	7827	15099	4
Longuyon	2947	4908	6174	864	3406	7584	13701	23
Longwy	2995	5677	5658	1353	4517	8266	13316	»
Boulay	3036	5850	6797	406	4773	8668	14917	82
Faulquemont	3309	5711	7835	664	4158	8673	14831	43
Gorze	2832	2712	6889	441	4175	6175	14103	1293
1er Canton de Metz	3170	2449	3292	255	1286	6139	6697	813
2e Id.	741	608	1203	112	529	1544	2040	434
3e Id.	736	268	321	74	243	1120	1743	81
Pange	3745	4615	9522	369	5533	8897	16345	155
Verny	4273	4327	10359	439	6338	9322	17408	384
Vigy	1994	3095	5423	136	3968	5423	11044	350
Bitche	312	4502	2010	707	1803	4439	5110	2
Forbach	1360	4279	2401	1094	2703	5217	7655	46
Grostenquin	3090	6525	9835	634	4386	9362	14129	40
Rhorbach	1448	6127	4821	953	2637	6913	10882	44
Saint-Avold	1723	4633	3123	637	2154	6011	8576	2
Sarralbe	1373	4258	5347	382	2065	5140	7785	»
Sarreguemines	2134	5240	5182	1680	2501	7185	9354	21
Volmunster	998	4179	5314	847	1913	4842	9567	9
Bouzonville	2878	7255	8499	897	6121	9888	14158	41
Cattenom	3047	6931	7425	615	6163	9704	14278	195
Metzerwisse	2937	4582	7331	327	6081	7818	14614	272
Sierck	2307	4418	4124	458	3381	6398	9461	119
Thionville	2563	3477	4944	702	4350	6526	8761	390
	66123	120189	158286	16585	100559	185914	307552	5295

NOMS des ARRONDISSEMENTS.	RELEVÉ PAR							
1er Briey	16517	24148	36289	3756	22798	40500	74094	478
2e Thionville	13732	26663	32323	2999	26096	40334	61272	1017
3e Metz	23836	29635	51641	2896	31503	55951	99128	3636
4e Sarreguemines	12438	39743	38033	6934	20162	49119	73058	164
	66123	120189	158286	16585	100559	185914	307552	5295

PROPORTION DU NOMBRE DES ANIMAUX PAR 100 HECTARES DE TERRES ET VIGNES.						PROPORTION Par 100 Hectares	
Chevaline.	Bovine.	Ovine.	Caprine.	Porcine.	ÉQUIVALENT en Têtes de GROS BÉTAIL.	De terres fumées chaque année.	De Jachères.
20 »	31,40	49,33	04,78	35,52	52,33	21,80	11,86
22,27	25,54	57 »	02,51	29,69	51,14	21,31	12,35
23 »	27,22	49,02	01,79	27,04	51,81	21,59	12,07
21,47	35,76	44,98	06,29	24,82	55,27	23,02	10,64
22,49	42,63	42,49	10,16	33,92	62,07	25,86	07,80
20,24	39 »	45,31	02,70	31,82	57,78	24,08	09,58
22,24	38,39	52,67	04,46	27,95	58,31	24,29	09,37
18,39	17,61	44,74	02,86	27,12	40,11	15,41	18,25
42,21	32,61	43,83	03,31	17,12	81,74	34,06	» »
29,98	24,58	47,01	04,52	21,38	62,41	25,99	07,67
40,32	14,68	17,59	04,05	13,31	61,37	25,56	08,10
22,69	27,97	57,69	02,24	33,53	53,92	22,46	11,20
24,02	24,32	58,22	02,47	38,44	52,39	21,82	11,84
17,50	27,16	47,59	01,19	34,82	47,59	19,65	14,01
6,11	88,06	39,47	13,83	35,27	86,83	36,57	» »
17,66	55,56	31,18	14,21	35,09	67,75	28,23	05,43
21,81	46,05	69,41	04,47	30,95	66,07	27,53	06,13
13,25	56,08	44,12	08,71	14,98	63,27	26,36	07,30
20,08	54 »	36,40	07,43	25,11	70,18	29,35	04,41
17,63	54,69	68,68	04,90	26,52	66,02	27,51	06,15
22,76	55,89	55,27	17,92	26,67	76,63	29,94	03,72
10,42	43,64	55,49	08,84	19,87	50,56	21,06	12,60
20,26	51,09	59,77	06,32	43,10	69,71	29,01	04,65
21,05	47,88	51,30	04,25	42,58	67,05	27,94	05,72
19,73	30,79	49,26	02,19	40,85	52,52	21,88	11,78
24,08	46,11	43,05	04,78	35,29	66,78	27,82	05 84
28 »	37,99	54,02	07,67	47,53	71,31	29,71	03,95

ARRONDISSEMENT.

21,61	32,38	48,66	05,04	30,57	54,31	22,63	11,03
12,04	42,80	51,89	04,81	41,89	64,75	26,98	06,68
23,20	28,83	50,25	02,82	30,65	54,45	22,68	10,98
16,99	54,27	51,94	09,47	27,53	67,08	27,95	05,71
21,13	38,41	50,59	05,30	32,14	59,42	24,76	08,90

www.ingramcontent.com/pod-product-compliance
Ingram Content Group UK Ltd.
Pitfield, Milton Keynes, MK11 3LW, UK
UKHW020223180726
13838UKWH00005B/2165